W0221076

Ingrid Moras

Weben mit Perlen

Bunte Bänder und kleine Geschenke

CHRISTOPHORUS

BRUNNEN-REIHE

Seit mehr als 30 Jahren steht der Name „Christophorus“ für kreatives und künstlerisches Gestalten in Freizeit und Beruf. Genauso wie dieser Band der Brunnen-Reihe ist jedes Christophorus-Buch mit viel Sorgfalt erarbeitet: Damit Sie Spass und Erfolg beim Gestalten haben – und Freude an schönen Ergebnissen.

ISBN 3-419-56086-9

Styling und Fotos: Roland Krieg, Waldkirch
Redaktion: Dr. Ute Drechsler-Dietz
Umschlaggestaltung: Network!, München
Produktion: Print Production, Umkirch
Druck: Freiburger Graphische Betriebe, 1999

Christophorus
Bücher mit Ideen

Inhalt

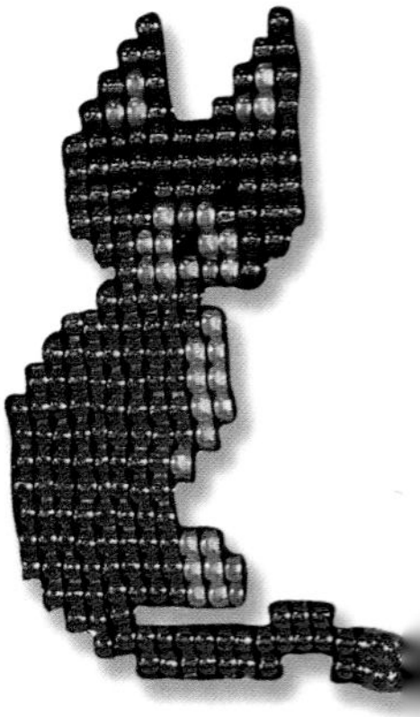

Kleine Perlen im Trend

Vielfarbig schimmernde Glasperlen sind sehr beliebt, und als einfache und schnelle Technik, sie kreativ zu verarbeiten, liegt das Weben mit Perlen voll im Trend. Wenn auch mit den senkrecht gespannten Kettfäden nicht allzu viele freie Gestaltungsmöglichkeiten bleiben, so hat es doch der waagrecht zu verarbeitende, transparente Schußfaden in sich: Er kann Blüten an die Ränder der Webarbeit zaubern, Tieren zu Rüsseln, Beinen oder nach hinten abstehenden Schwänzchen verhelfen. Nach unten hängende, unterschiedlich lange Perlenstränge geben dem abendlichen Schmuck den letzten Pfiff und können sogar einen leuchtenden Regenbogen entfalten – hier sind der Kreativität keine Grenzen gesetzt. Aber auch ganz einfache rechteckige Webstücke mit so ansprechenden Motiven wie einer Giraffe, Herzen oder einem Schmetterling mit Blume werden bei Freunden immer begeistert ankommen, ob sie nun als Grußkarten, als Lesezeichen oder als kleine Bildchen verschenkt werden.

Viel Freude beim kreativen Weben wünscht

Ingrid Moras

Das Material

Anmerkung:
Der Transparent-Nähfaden (= Schußfaden) und die Perlfädelnadel sowie ein Webrahmen, Klebeband und eine Schere werden für jede Webarbeit benötigt, sie sind deshalb nicht eigens aufgeführt. Soweit nicht anders vermerkt, haben alle Rocailles einen Durchmesser von 2,5 mm.

Der Webrahmen

Im Fachhandel gibt es spezielle *Perlenwebrahmen*, in deren Kerben die Kett- oder Längsfäden straff eingespannt werden können, die Kerben haben genau den passenden Abstand für die kleinen Perlen.

Tip: Um ein Herausrutschen der Fäden aus den Kerben zu verhindern, die Fäden mit einem Streifen *Malerklebeband* festkleben.

Für ein schnelles Ausprobieren einfach *einen alten Bilderrahmen oder eine stabile Schachtel* verwenden und die Kettfäden mit Klebeband oben und unten so befestigen, daß sie schön gespannt sind. Der Abstand der Kettfäden ergibt sich nach dem Weben der ersten Reihe.

Die Kettfäden

Die Kettfäden (= Längsfäden oder Spannfäden) bei den Beispielen im Buch bestehen aus *Perlgarn Nr. 5 von Coats Mez* oder einem vergleichbar *dünnen Baumwollgarn*. Sie werden nach der Webarbeit bei den Bändern zu Kordeln verdreht.

Der Schußfaden und die Nadel

Als Schußfaden (= Querfaden oder Webfaden) einen *unsichtbaren, dünnen und doch stabilen Perlonfaden* (z.B. Transparent-Nähfaden Sonal von Coats Mez) verwenden.
Für die kleinen Perlen ist eine spezielle *Perlfädelnadel* nötig.

Die Perlen

Die kleinen *Glasperlen, Rocailles* oder *Indianerperlen* genannt, gibt es im Fachhandel in großer Vielfalt zu kaufen. Je nach Angebot und Geschmack kann man zwischen opaken, transparenten, matten, irisierenden, gelüsterten Perlen und Perlen mit Farb- oder Silbereinzug u.a. wählen.

Tip: Achten Sie beim Kauf der Perlen darauf, daß sie ungefähr die gleiche Größe haben (2,5 mm Durchmesser).

Die Technik des Webens

Die Vorlagen

Eigene Entwürfe für Perlenwebarbeiten am einfachsten auf einem karierten Papier anfertigen. In jedes Kästchen einen Kreis setzen und diesen in der Farbe der Perlen ausmalen. Die Vorlage längs neben den Webrahmen legen und die farbliche Reihenfolge der aufzunehmenden Perlen von links nach rechts ablesen.

Die Anzahl der Kettfäden

Da jede Perle zwischen zwei Kettfäden liegen muß, gilt für die Anzahl der Kettfäden: Anzahl der Perlen in einer Reihe plus eins.
Durch doppelte Randfäden ergibt sich ein schöner, gleichmäßiger Rand. Dann gilt die Regel: Anzahl der Perlen in einer Reihe plus drei. Wie die Kettfäden liegen müssen, ist in der Vorlage mit Strichen angedeutet.

Das Spannen der Kettfäden

Den Webrahmen liegt eine genaue Beschreibung bei, wie die Kettfäden aufgespannt werden müssen. Dabei soll der Faden an der Querleiste verknotet, durch die Kerben nach unten geführt und unten um einen kleinen Zapfen herum zur nächsten Kerbe geleitet werden.
Ich persönlich befestige die Fäden einfach an der oberen Holzwand außen mit dem jeweils erforderlichen Überstand mit einem Stück Malerklebeband, führe die Fäden dann über die Kerben geradlinig nach unten, ziehe sie fest an und fixiere sie an der unteren Holzwand außen ebenfalls mit Klebeband. Wenn Sie einen Bilderrahmen als Webrahmen verwenden, die Kettfäden an der oberen Leiste mit Klebeband fixieren, ordnen, straff nach unten ziehen und an der unteren Leiste mit Klebeband befestigen. Wenn möglich, beim Spannen zwischen den Fäden gleich ca. 2 mm Spielraum lassen.

Tip:
Die Perlen auf dem Vorlagenbogen am besten mit Farbstiften ausmalen. Nach Geschmack dabei auch andere Farben verwenden.

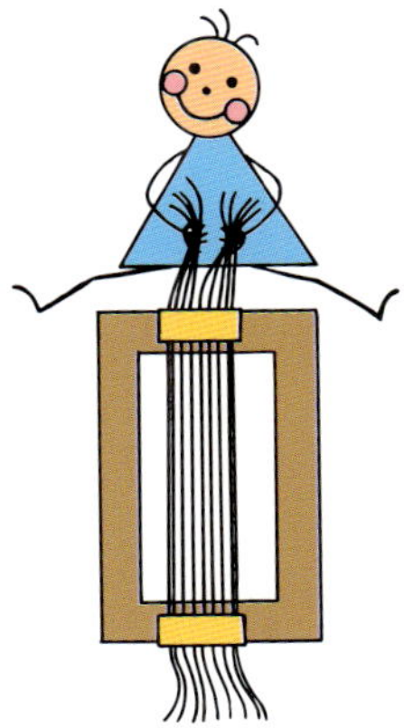

Das Befestigen des Schußfadens

Am linken (doppelten) Kettfaden einen ca. 1 m langen Perlonfaden verknoten. Sollte der Schußfaden zu Ende gehen, diesen durch mehrere Reihen hindurch vernähen. Einen neuen Schußfaden am linken Kettfaden anknoten. Den Faden am Ende der Webarbeit gut vernähen.

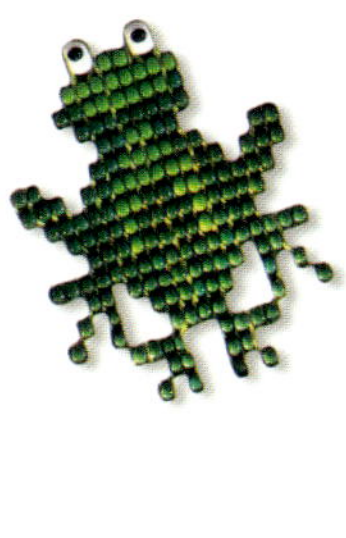

Das Weben mit Perlen

Die Perlen einer Reihe mit der Nadel auffassen. Die Nadel mit den Perlen von links nach rechts unter die Kettfäden führen und die Perlen auf der Nadel mit dem linken Zeigefinger zwischen den Kettfäden nach oben drücken. Sobald Kettfäden und Perlen regelmäßig abwechseln, die Nadel vorsichtig mit der rechten Hand nach rechts herausziehen und dabei die Perlen weiterhin mit dem linken Zeigefinger nach oben drücken.

Tip: Man kann auch die Perlen bis zum Fadenende rutschen lassen und dann zwischen den Kettfäden einordnen. Einfach ausprobieren!

Mit der Nadel von rechts nach links nacheinander alle zwischen den Kettfäden nach oben gedrückten Perlen auffassen und darauf achten, daß die Nadel zwischen den Perlen immer sichtbar, also sauber über den Kettfäden liegt. Anschließend die Nadel nach links herausziehen. Den Faden nach jeder Reihe gleichmäßig fest anziehen und die einzelnen Reihen dicht aufschieben. Die nächsten Reihen ebenso weben.

Der Abschluß der Bändchen

Bei Bändern die Kettfäden am Schluß zu Kordeln verdrehen. Für jede Kordel zwei Fadenbündel getrennt nach rechts eindrehen und dann miteinander verdrehen, dabei immer den rechten Strang über den linken legen. Die Kordel jeweils mit einem Knoten abschließen. Beim Anfertigen der Kordeln muß das Band mit Klebeband am Tisch fixiert werden.

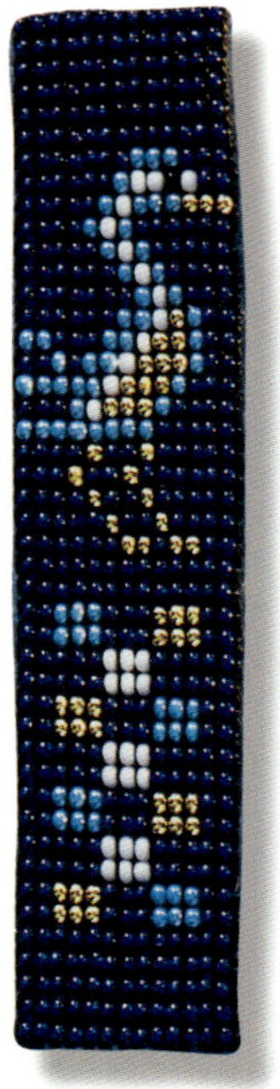

Auf Safari

Material

Zebra-Band:

- **Rocailles in Grün, Weiß, Schwarz, Rot**

Giraffe:

- **Rocailles in Mittelgrün, Hellgrün, Marine, Gelb, Schwarz, Gold, Kupfer**

Elefant:

- **Rocailles in Schwarz, Mittelgrün, Hellgrün, Gold, Marine, Hellblau, Weiß**

alle:

- **Perlgarn Nr. 5 in Schwarz**
- **Regenbogen-Fotokarton**
- **Wellpappe in Schwarz**
- **Doppelkarten**
- **Klebeband**
- **Kraftkleber**

Vorlagen

1 – 3

Zebra-Band

Für das Band 14 etwa 43 cm lange Kettfäden aus Perlgarn spannen, die Randfäden doppelt legen. Das Band ist ca. 12,5 cm lang. Auf beiden Seiten ca. 15 cm für die Kordeln überstehen lassen. Einen Schußfaden links anknoten. Nach den mit einem Kreuz gekennzeichneten Reihen den Faden durch die vorletzte Reihe nach rechts ziehen, sechs Perlen für den Schwanz aufnehmen, den Faden durch die ersten fünf Perlen zurückziehen und durch die letzte Reihe nach links zurückführen.

Giraffe

16 mindestens 15 cm lange Kettfäden spannen, die Randfäden doppelt legen. Das Bild ist etwa 8,5 cm lang, oben und unten stehen die Kettfäden ca. 3 cm über. Die Reihen nach der Vorlage mit einem transparenten Faden weben.
Ein Rechteck aus Wellpappe schneiden (Länge des Rechteckes = Länge des Bildes), das Webstück in der Mitte auflegen, die Wellen der Wellpappe niederdrücken und die Kettfäden mit Klebeband auf der Rückseite festkleben. Auf ein Rechteck aus Fotokarton kleben und auf einer Karte fixieren.

Elefant

Für das ca. 5 cm lange Bild 13 mindestens 7 cm lange Kettfäden, die oben und unten ca. 1 cm überstehen, spannen. Die Randfäden doppelt legen.
Die ersten 11 Reihen weben, dann den Rüssel arbeiten: Acht hellblaue und sieben goldfarbene Perlen aufnehmen und den Faden nochmals durch die erste Goldperle ziehen. Eine weiße Perle aufnehmen und den Faden durch die ersten vier Goldperlen und alle hellblauen Perlen zurückziehen. Die 12. Reihe weben, den Faden durch die 11. Reihe nach links ziehen, den Schwanz auffädeln und den Faden durch die 12. Reihe wieder nach rechts zurückführen. Das Bild mit den Überständen auf Fotokarton kleben, darüber Wellpappe mit einem dem Bild entsprechenden Ausschnitt fixieren. Auf eine Karte kleben.

Bunte Tierwelt

Material

Mäppchen:

- **Rocailles in Weiß, Orange, Mittelgrün, Hellgrün, Rot, Marine, Hellblau, Gelb, Schwarz**
- **Perlgarn Nr. 5 in Schwarz**
- **Ledermäppchen**
- **Nähnadel**

Magnete:

- **Rocailles wie oben, ohne Weiß und Mittelgrün**
- **Perlgarn Nr. 5 in Schwarz**
- **runde Magnete (13 mm ∅)**
- **Fotokarton in Dunkelblau**
- **Kraftkleber**
- **Klebeband**

Vorlagen

4 – 5

Schreibmäppchen

❶ Für das Band 13 etwa 40 cm lange Kettfäden aus Perlgarn spannen. Die Randfäden liegen doppelt. Das Band ist ca. 20 cm lang, die Kettfäden stehen ungefähr 10 cm über.

❷ Mit dem transparenten Schußfaden nach der Vorlage arbeiten. Nach der sechsten Reihe den ersten Fuß aufziehen: Sechs mittelgrüne und fünf hellgrüne Perlen aufnehmen und den Faden durch die sechs mittelgrünen Perlen zurückziehen. Dann die siebte bis neunte Reihe weben und den zweiten Fuß ebenso aufziehen. An den Skizzen in den eingerahmten Kästchen kann man die jeweilige Fadenführung bei den einzelnen Füßen genau ablesen. Beim zweiten Tier acht Perlen für einen Fuß aufnehmen und den Faden durch alle Perlen mit Ausnahme der letzten zurückziehen usw. (s. Vorlage).

❸ Nach der Webarbeit die Kettfäden durch die Seitennaht des Mäppchens nach innen ziehen und verknoten. Den oberen und unteren Rand des Bandes mit transparentem Nähfaden aufnähen.

Magnete für die Magnettafel

❶ Für die kleinen Bildchen 13 Kettfäden spannen. Zwischen den Webstücken mindestens 2 cm Abstand lassen. Bei jedem neuen Bild einen neuen Schußfaden anbinden und zum Schluß vernähen.

❷ Am Ende der Arbeit die Kettfäden auf je 1 cm kürzen. Aus Fotokarton passend zur Größe des gewebten Stückes je zwei Rechtecke ausschneiden. Das Webbild auf ein Rechteck kleben, die überstehenden Kettfäden nach hinten umbiegen und auf der Rückseite ankleben. Das zweite Rechteck deckungsgleich auf die Rückseite kleben, dann den Magneten fixieren.

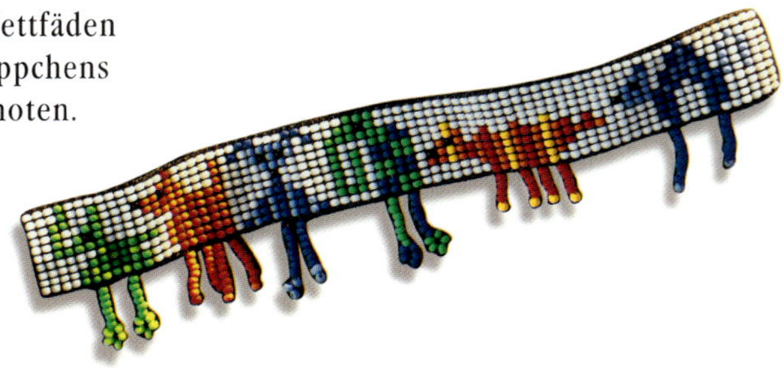

14.5.

Material

Kette:

- Rocailles in Blau, Hellblau, Hellgrün, Rot, Gelb, Orange
- Rocailles (5 mm ∅) in Blau
- Perlgarn Nr. 5 in Schwarz
- Ringverschluß

Bilderrahmen:

- Rocailles in Blau, Hellblau, Mittelgrün, Hellgrün, Gelb, Orange
- Perlgarn Nr. 5 in Schwarz
- Bilderrahmen (Pappmaché, 8 x 9,5 cm)
- Acrylfarbe in Gold
- Kraftkleber

Vorlagen

6 – 7

Anmerkung:

Die Anfertigung der beiden im Rahmen dekorierten Lesezeichen ist auf Seite 14 beschrieben.

Im Stil der Indianer

Kette

❶ Die Kette von unten nach oben arbeiten. Die drei großen Perlen ganz unten erst am Schluß aufschieben, darunter jeweils einen Knoten legen und Überstände nach ca. 7 mm abschneiden. Zehn ca. 45 cm lange Kettfäden aus Perlgarn spannen. Nach etwa 10 cm einen transparenten Schußfaden am linken Faden verknoten und den quadratischen Anhänger weben.

❷ Die Kettfäden unten lösen und auf je drei bzw. vier Fäden fünf 5-mm-Rocailles aufschieben (s. Vorlage). Den Schußfaden durch die linken Perlen nach unten ziehen. Die Fäden spannen. Für die linke Kette den nach unten gezogenen Schußfaden verwenden, für die rechte einen separaten Schußfaden am linken, doppelten Randfaden der rechten Kette anknoten. Die Ketten getrennt weben und dann den Verschluß anknoten.

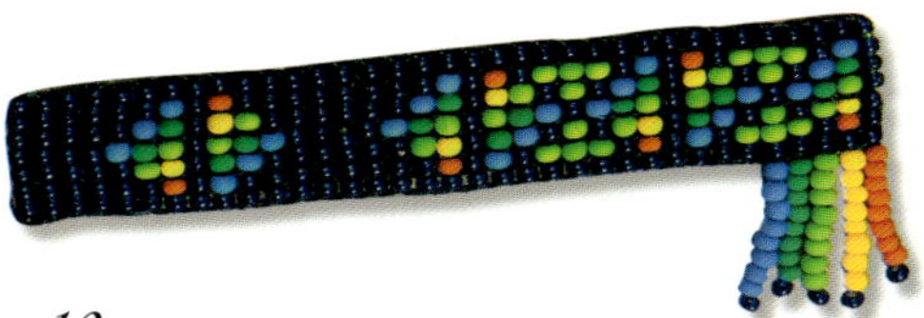

Bilderrahmen

❶ Webbänder (senkrecht ca. 9 cm lang, waagrecht ca. 4 cm lang) können auf Bilderrahmen geklebt werden. Jeweils acht Kettfäden spannen, für das senkrechte Stück müssen sie mindestens 11 cm, für das waagrechte 6 cm lang sein, da auf beiden Seiten der Überstand von 1 cm nach hinten gebogen und festgeklebt wird.

❷ Senkrechtes Stück: Die erste Reihe weben, dann den Schußfaden nochmals nach rechts ziehen, neun Perlen für den abstehenden Perlenstrang aufziehen, den Faden durch die ersten acht Perlen und die Reihe zurückziehen. Nach der zweiten bis fünften Reihe ebenso einen Perlenstrang arbeiten, dann das Band weben. Das waagrechte Stück arbeiten, nach der letzten Reihe die Perlenstränge aufziehen und dabei den Schußfaden immer wieder durch eine Perle der letzten Reihe ziehen (s. Vorlage). Den Bilderrahmen mit Gold bemalen und die beiden gewebten Bänder im rechten Winkel aufkleben.

Katz und Maus

Material

Lesemaus:

- **Rocailles in Mittelgrün, Hellgrün, Grün, Jade, Weiß, Kupfer, Gelb, Aquamarin, Orange, Rot, Schwarz**
- **dünnes Baumwollgarn in Schwarz**

Katze:

- **Rocailles in Blau (verschiedene dunkle Blautöne), Gold, Schwarz, Weiß**
- **dünnes Baumwollgarn in Schwarz**

Vorlagen

8 – 9

Lesemaus

❶ Für das Lesezeichen 18 etwa 40 cm lange Kettfäden aus dünnem Baumwollgarn spannen. Die Randfäden liegen jeweils doppelt. Die Webarbeit ist ungefähr 10 cm lang, oben und unten sollen die Kettfäden ungefähr 15 cm überstehen.

❷ Den transparenten Schußfaden am linken, doppelten Randfaden verknoten und die Reihen mit je 15 Perlen nach der Vorlage weben. Das gewebte Band zum Schluß auf beiden Seiten mit je drei Kordeln abschließen.

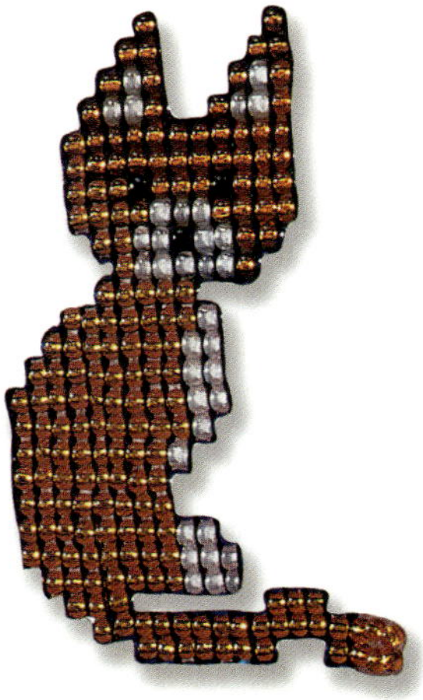

Katze

❶ Für das Band 16 etwa 40 cm lange Kettfäden aus einem dünnen Baumwollgarn spannen. Die Randfäden liegen jeweils doppelt. Das gewebte Band ist ca. 10 cm lang, die Überstände der Kettfäden oben und unten betragen je 15 cm.

❷ Den transparenten Schußfaden nach 15 cm am linken, doppelten Randfaden verknoten und die Reihen nach der Vorlage weben. Nach der neuntletzten Reihe den transparenten Faden nochmals durch die zehntletzte Reihe nach rechts ziehen, sechs goldfarbene Perlen für das Schwanzende aufnehmen und die Nadel durch die neuntletzte Reihe wieder nach links zurückziehen. Das gewebte Band auf beiden Seiten mit je vier Kordeln abschließen.

Es war
hatte drei
war Johannes,
für einen Dümmling war so alt,
gute, weise König war so alt,
das Licht seiner Augen und die
seiner Füße verlor. Die beiden
Brüder sagten, daß sie auszie-
wollten, um drei Flaschen vom
Wasser der Grünen Insel zu holen
mitten im fernsten Weltmeer
sie machten sich auf den
sagte der Dümmling,
müßig zusehen,
Suche
ersten
kommen
Rachen.
von Erin«,
»O nein,
glaube, ich
»Wenn
hinauf.«
Baum

Blumenkinder und Bänder

Material

Kette:

- **Rocailles in Mittelgrün, Hellgrün, Gelb, Schwarz, Marine**
- **Schraubenschließe**

Band:

- **Rocailles in Schwarz, Mittelgrün, Hellgrün, Weiß, Gelb**

Blumenkinder:

- **Rocailles in Rot, Weiß, Gelb oder: Mittelgrün, Hellgrün, Weiß, Rot, Gelb**
- **hellgrüne Holzperle (8 mm ∅)**
- **Dekorlack in Schwarz**

alle:

- **Perlgarn Nr. 5 in Schwarz**

Vorlagen

10 – 12

Kette

Sechs ca. 50 cm lange Fäden aus Perlgarn spannen (Randfäden doppelt). Jeweils 10 cm zum Anknoten des Verschlusses überstehen lassen. Blüte: Sieben Perlen aufnehmen und den Faden nochmals durch die erste Perle ziehen. Eine gelbe Perle aufnehmen und den Faden durch die vierte bis erste Perle zurückschieben. Den Faden nochmals durch die letzte Reihe hin- und zurückziehen. Es können auch mehrere Blüten aneinander gearbeitet werden (s. Vorlage).

Band

12 etwa 44 cm lange Kettfäden aus Perlgarn spannen (Randfäden doppelt). Je 15 cm für die zwei Kordeln überstehen lassen. Blüte rechts vom Band: Den Schußfaden nochmals durch die gerade gewebte Reihe nach rechts ziehen, die Blüte arbeiten und den Faden wieder nach links ziehen. Die linke Blüte jeweils nach einer Reihe auffädeln und den Faden nochmals durch die Reihe hin- und zurückziehen.

Blumenkinder

Sieben mindestens 17 cm lange Kettfäden aus Perlgarn durch die Bohrung der Holzperle ziehen (Überstand oben: 7 cm), dann spannen. Einen Schußfaden links anknoten (doppelter Randfaden) und die erste Reihe weben. *Grünes Blumenkind:* Den Faden durch die Reihe nach rechts ziehen, vier Perlen des Armes auffädeln, nacheinander drei Blüten arbeiten, vier Perlen für den Arm aufnehmen und den Faden nach rechts und dann nach links durch die Reihe ziehen. Den Körper weben, mit den Fäden zwei Knoten legen und die Überstände abschneiden.
Rotes Blumenkind: Zunächst die Arme wie oben mit zwei Blüten arbeiten, den Faden nach rechts durch die Reihe und zwei Perlen des Armes ziehen. Eine Blüte arbeiten, dann den Faden durch zwei Perlen des zweiten Armes nach oben und durch die Reihe nach rechts und links ziehen. Gesichter mit Dekorlack aufmalen. Zwei Fäden als Aufhängung verknoten, die anderen kürzen und als Haare auffächern.

Eule bei Nacht

Material

- **Rocailles in Blau, Kupfer, Gold, Türkis, Hellblau, Weiß, Schwarz**
- **dünnes Baumwollgarn in Schwarz**
- **2 grüne Bambusstäbe (ca. 9,5 cm lang)**

Vorlage 13

❶ Für das Bild 29 etwa 26 cm lange Kettfäden aus einem dünnen Baumwollgarn spannen. Die Randfäden liegen jeweils doppelt. Das Bild hat eine Höhe von ca. 6 cm. Oben und unten soll der Überstand der Kettfäden jeweils 10 cm betragen, damit die Fäden nach der Webarbeit um den Bambusstab herumgeführt und verknotet werden können.

❷ Den transparenten Schußfaden am linken, doppelten Kettfaden anknoten und die Reihen mit je 26 Perlen nach der Vorlage weben. Da das Bild sehr breit ist, muß das Zurückschieben der Nadel mit dem Schußfaden durch die Perlen (über den Kettfäden) in zwei bis drei Arbeitsschritte aufgeteilt werden. Zunächst die erste Hälfte der Perlen aufnehmen und die Nadel mit dem Faden herausziehen, dann die restlichen Perlen gut zwischen den Kettfäden nach oben drücken und aufnehmen.

❸ Abschnittsweise die Kettfäden zum Schluß in zwei Gruppen aufteilen. Die eine Hälfte der Fäden vor dem Bambusstab, die andere hinter dem Stab herumführen und dann mit beiden Hälften zusammen unter bzw. über dem Stab einen Knoten legen. Fadenüberstände unter dem Knoten abschneiden.

Regenbogen

Material

Kette:

- Rocailles in Blau, Amethyst, Rot, Orange, Gelb, Hellgrün,

Türkis

- Perlgarn Nr. 5 in Schwarz
- Ringverschluß

Fische:

- Rocailles in Blau, Amethyst, Rot, Orange, Gelb, Hellgrün, Türkis, Schwarz
- Perlgarn Nr. 5 in Schwarz
- Wellpappe in Schwarz
- beliebiger Karton
- Klebeband

Vorlagen

14 – 15

Regenbogen-Kette

❶ Zwei 90 cm lange Perlgarnfäden bis zur Mitte durch den Ringverschluß ziehen, dann den Verschluß mit Klebeband am Webrahmen festkleben und die vier 45 cm langen Kettfäden spannen. Die Reihen der Kette mit je drei Perlen nach der Vorlage bis zum Querstrich weben.

❷ Dann 50 Perlen in Amethyst für den untersten Bogen des Regenbogens aufziehen, die Nadel mit dem Faden durch eine bereits gewebte Reihe nach rechts und durch die nächste Reihe gleich wieder nach links ziehen (s. Vorlage). Den nächsten Bogen mit roten Perlen und alle weiteren aufziehen, wie die Vorlage zeigt. Die einzelnen Bögen liegen schön aneinander, ohne sich zu überschneiden. Je nach Breite der Perlen kann es sein, daß die Anzahl der Perlen verändert werden muß.

❸ Nach dem kleinsten, letzten Bogen den Faden im Zickzack durch die Reihen bis zum Ende der Webarbeit ziehen. Dann die andere Hälfte der Kette arbeiten und die Kettfäden am Ringverschluß anknoten.

Regenbogenfische

❶ Für das Bild 18 Kettfäden aus Perlgarn in einer Länge von mindestens 9 cm spannen. Die Randfäden liegen doppelt. Das Bild ist ca. 6 cm lang, auf beiden Seiten sollte ein Überstand von 1,5 cm Länge bleiben.

❷ Den transparenten Schußfaden am linken, doppelten Kettfaden anknoten und die Reihen mit je 15 Perlen nach der Vorlage weben. Die Kettfäden oben und unten bis auf 1,5 cm kürzen. Das Bild mit diesem Überstand mit Klebeband in die Mitte eines rechteckigen Kartons kleben. Mit Wellpappe um das Bild einen Rahmen kleben (s. Vorlage).

Elegante Perlenstränge

Material

Haarspange:

- **Rocailles in Schwarz, Marine**
- **Stiftperlen in Blau (7 mm lang)**
- **Perlgarn Nr. 5 in Schwarz**
- **Haarspange (1 x 8 cm)**
- **Kraftkleber**

Kette:

- **Rocailles in Schwarz, Marine**
- **Stiftperlen in Blau (7 mm lang)**
- **Perlgarn Nr. 5 in Schwarz**
- **Ringverschluß**

alle:

- **Klebeband**

Vorlagen

16 – 17

Haarspange

1. Sechs mindestens 12 cm lange Kettfäden spannen. Die Randfäden liegen doppelt, das Webstück ist 8 cm lang. Den Überstand an Kettfäden auf beiden Seiten verknoten und nach hinten umschlagen, wenn das gewebte Stück auf die Haarspange geklebt wird.

2. Mit dem transparenten Schußfaden sechs Perlen aufnehmen und so einweben, daß vier Perlen zwischen den beiden mittleren Kettfäden liegen. Bei jeder weiteren Reihe liegen jeweils vier Perlen oder eine Stiftperle zwischen den mittleren Kettfäden.

3. Nach der fünften bis 27. Reihe jeweils einen nach unten hängenden Perlenstrang fädeln. Dazu jeweils die Perlen aufnehmen und den Faden durch alle Perlen mit Ausnahme der letzten zurückziehen.

Kette

1. Zwei 1,20 m lange Perlgarnfäden bis zur Mitte durch den Ringverschluß ziehen. Den Verschluß mit Klebeband am Webrahmen befestigen und die vier je 60 cm langen Kettfäden spannen.

2. Einen transparenten Schußfaden an den beiden linken Fäden anknoten und je nach Halsweite etwa 60 Reihen mit nur je einer Perle weben (das Mittelstück ist 7 cm lang). Dann Reihen mit immer mehr Perlen weben und die Kettfäden dabei so aufteilen, wie die Vorlage zeigt. Um die Reihen stabiler zu machen, den Schußfaden jeweils ein zweites Mal durch die Perlen der Reihe ziehen, solange die Perlenzahl zu- oder abnimmt.

3. Nach der ersten Reihe mit einer Stiftperle und den nachfolgenden 12 Reihen jeweils einen herabhängenden Perlenstrang arbeiten, wie schon bei der Haarspange beschrieben.

Material

Band:

- **Rocailles in Schwarz, Rot, Orange, Gelb, Marine, Mittelgrün, Hellgrün, Gold**

Schmetterling:

- **Rocailles in Schwarz, Weiß, Hellgrün, Gold, Hellblau**

Herzen:

- **Rocailles in Marine, Mittelgrün, Hellgrün, Gold, Rot**

alle:

- **Perlgarn Nr. 5 in Schwarz**
- **Wellpappe in Schwarz**
- **Regenbogen-Fotokarton**
- **Doppelkarten**
- **Klebeband**
- **Kraftkleber**

Vorlagen

18 – 20

Geschenke von Herzen

Buntes Band

❶ Zehn Kettfäden aus Perlgarn in einer Länge von 42 cm spannen, die Randfäden liegen jeweils doppelt. Das Band ist ca. 12 cm lang, an den Enden stehen jeweils 15 cm für die Kordeln über. Am linken, doppelten Randfaden den transparenten Schußfaden verknoten und die Reihen mit je sieben Perlen nach der Vorlage weben.

❷ In der Mitte des Bandes den doppelten Randfaden jeweils auffächern und eine Reihe mit neun Perlen weben. Nach dieser Reihe die Randfäden wieder doppelt zusammenfassen und Reihen mit je sieben Perlen weben. Das Band auf beiden Seiten mit je zwei Kordeln abschließen.

Schmetterling oder Herzen

❶ Für beide ca. 5,5 cm langen Bildchen 16 Kettfäden spannen, die Randfäden liegen doppelt. Oben und unten müssen die Kettfäden jeweils ca. 1 cm überstehen. Links den transparenten Schußfaden verknoten und die Reihen mit je 13 Perlen weben. Am Schluß den Faden vernähen. Im Abstand von mindestens 2 cm kann ein neuer transparenter Schußfaden für das zweite Bild befestigt werden. Später werden die Kettfäden jeweils mit einem Überstand von 1 cm abgeschnitten.

❷ Mit diesem Überstand die gewebten Bildchen mit Klebeband auf ein Rechteck aus Fotokarton kleben. Ein etwas kleineres Rechteck aus Wellpappe mit einem Ausschnitt in der Mitte, der genau dem gewebten Bild entspricht, darüberkleben, so daß die Klebstreifen verdeckt sind. Nach Wunsch die Bilder auf Doppelkarten kleben.

Zwei Frösche

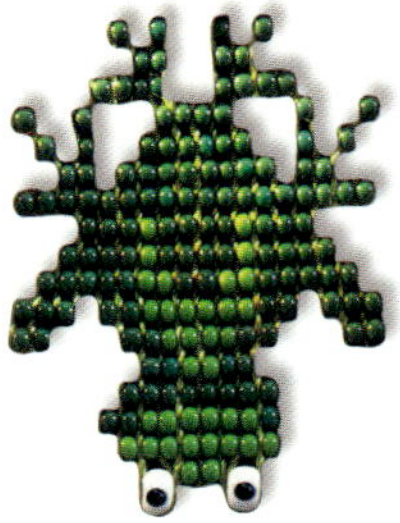

Material

- **Rocailles in Jade, Mittelgrün, Hellgrün, Kupfer**
- **4 Rocailles (5 mm ∅) in Weiß**
- **Perlgarn Nr. 5 in Grün (265)**
- **Dekorlack in Schwarz**
- **grüne Bambusstäbe (ca. 7,5 cm lang)**

Vorlage 21

❶ Für das Bild 23 etwa 22 cm lange Kettfäden aus Perlgarn spannen. Die Randfäden liegen jeweils doppelt. Das Bild ist ca. 12 cm lang. Oben und unten sollten die überstehenden Kettfäden ungefähr 10 cm lang sein, damit man sie zum Schluß gut um den Bambusstab herumführen und mit ihnen einen Knoten legen kann.

❷ Mit einem transparenten Schußfaden die Reihen weben. Das Zurückziehen der Nadel über den Kettfäden muß bei dieser Breite der Webarbeit in zwei Schritten erfolgen: Zunächst die Perlen einer Reihe bis zur Mitte des Bildes auffassen, dann die Nadel herausziehen und den Faden durch die Perlen ziehen. Die zweite Hälfte der Reihe mit der Nadel aufnehmen, wie immer die Perlen zwischen den Kettfäden nach oben drücken.

❸ Die Reihen mit den Augen (s. Kreuz in der Vorlage): Sieben Rocailles, eine 5-mm-Perle, zwei Rocailles, eine 5-mm-Perle und sieben Rocailles aufnehmen. Die Perlen zwischen den Kettfäden nach oben drücken, links und rechts von den beiden mittleren Rocailles je zwei Kettfäden zusammenfassen. Die Nadel über den Kettfäden durch die Perlen zurückziehen. Bei der nächsten Reihe sieben Rocailles in der angegebenen Reihenfolge aufziehen, den Faden durch die erste, schon eingewebte 5-mm-Perle ziehen, zwei Rocailles aufziehen, den Faden durch die zweite 5-mm-Perle ziehen und die letzten sieben Rocailles aufnehmen. Die Nadel mit dem Faden dann über den Kettfäden durch alle nach oben gedrückten kleinen und bereits eingewebten großen Perlen zurückziehen. Bei den weiteren Reihen die zusammengefaßten Kettfäden wieder auffächern. Auf die weißen, großen „Augen" mit Dekorlack Pupillen aufmalen.

Eidechsen

Material

Band:

- **Rocailles in Rot, Hellgrün, Gold, Schwarz**
- **Perlgarn Nr. 5 in Schwarz**

Dose:

- **Rocailles in Blau, Mittelblau, Türkis, Hellgrün, Weiß, Gold**
- **Perlgarn Nr. 5 in Schwarz**
- **Dekorlack in Schwarz**
- **Holzdose (4 x 4 cm)**
- **Fotokarton in Blau**
- **Kraftkleber**
- **Klebeband**

Vorlagen

22 – 23

Band

1 Vierzehn ca. 43 cm lange Kettfäden aus Perlgarn spannen, die Randfäden liegen jeweils doppelt. Das Band selbst ist ca. 13 cm lang, die Überstände auf beiden Seiten des Bandes betragen jeweils 15 cm.

2 Den transparenten Schußfaden nach ca. 15 cm am linken, doppelten Randfaden verknoten und die Reihen nach der Vorlage weben. Das Band auf beiden Seiten mit je zwei Kordeln abschließen.

Dose

1 Für das kleine gewebte Bild mit je 19 Perlen in einer Reihe werden aus Perlgarn 21 Kettfäden von mindestens 7 cm Länge gespannt. Das Bild selbst ist 4 cm lang, auf beiden Seiten des Bildes sollte ein Überstand von je 1,5 cm stehen bleiben. Die Randfäden liegen jeweils doppelt.

2 Den transparenten Schußfaden am linken, doppelten Randfaden verknoten und die Reihen nach der Vorlage weben. Anschließend den Überstand der Kettfäden oben und unten auf 1,5 cm kürzen.

3 Aus blauem Fotokarton ein Quadrat mit einer Seitenlänge von 4 cm ausschneiden, das gewebte Bild auflegen und die überstehenden Kettfäden oben und unten nach hinten umbiegen. Auf der Rückseite des Kartons mit Klebeband so festkleben, daß das Bild glatt aufliegt. Den Karton mit Kraftkleber auf den Deckel der Dose kleben.

Blaue Vögel

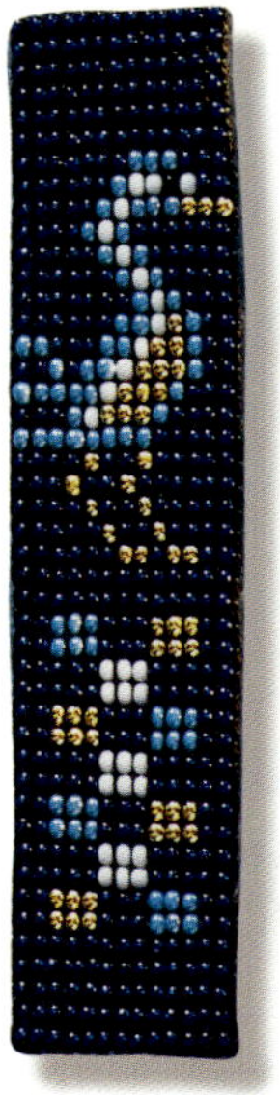

Material

Notizbuch:

- **Rocailles in Blau, Weiß, Schwarz, Arktis, Gold**
- **Notizbuch (11 x 8 cm)**
- **Maulbeerbaumpapier in Blau**

Notizblock:

- **Rocailles in Schwarz**
- **Rocailles (5 mm ∅) in Schwarz, Blau, Elfenbein, Gold**
- **Maulbeerbaumpapier in Blau, Hellbraun**
- **Notizblock (7 x 10 cm)**
- **Karton**

alle:

- **Perlgarn Nr. 5 in Schwarz**
- **Kraftkleber**
- **Klebeband**

Vorlagen

24 – 25

Notizbuch

❶ Die Länge des gewebten Bandes entspricht der Höhe des Buches (= 11 cm). Die 16 Kettfäden aus Perlgarn müssen 19 cm lang sein, da die Fäden oben und unten ca. 4 cm überstehen sollen. Die Randfäden liegen doppelt. Einen Schußfaden am linken, doppelten Randfaden verknoten und die Reihen nach der Vorlage weben.

❷ Das Buch nach Wunsch außen mit blauem Maulbeerbaumpapier verkleiden. Das Band aufkleben, die Fadenüberstände nach innen biegen und an der zweiten Umschlagseite mit Klebeband festkleben. Die Innenfläche mit den Klebestreifen mit einem passenden Rechteck aus Maulbeerbaumpapier bedecken.

Notizblock

❶ Für das Bild mit 5-mm-Perlen werden 16 Kettfäden in einer Länge von ca. 19 cm gespannt. Die Randfäden liegen doppelt. Das gewebte Bild ist ungefähr 12,5 cm lang, der Fadenüberstand oben und unten von ca. 3 cm wird jeweils nach hinten umgeschlagen, wenn das Bild dann auf die Unterlage geklebt wird. Einen transparenten Schußfaden am linken, doppelten Randfaden verknoten und die Reihen weben, wie die Vorlage zeigt.

❷ Einen beliebigen Karton mit hellbraunem Naturpapier verkleiden und das gewebte Bild sowie den Notizblock aufkleben. Für den seitlichen Rand des Bildes blaues Naturpapier zusammenkleben, zwei Streifen ausschneiden und längs neben das Bild kleben. Nach Wunsch eine Perlenkette aus kleinen, schwarzen Rocailles arbeiten, am Schnabel anbinden und am anderen Ende einen Stift anknoten.

17^{00}
Lisa

**Neben dieser Auswahl aus der Brunnen-Reihe
haben wir noch viele andere Bücher im Programm:**

**Hobby- und Bastelbücher, Bücher zum Spielen und Lernen
mit Kindern, Ratgeber-Bücher für Eltern**

**Wir informieren Sie gerne - fordern Sie
einfach unsere neuen Prospekte an.**

3-419-56088-5

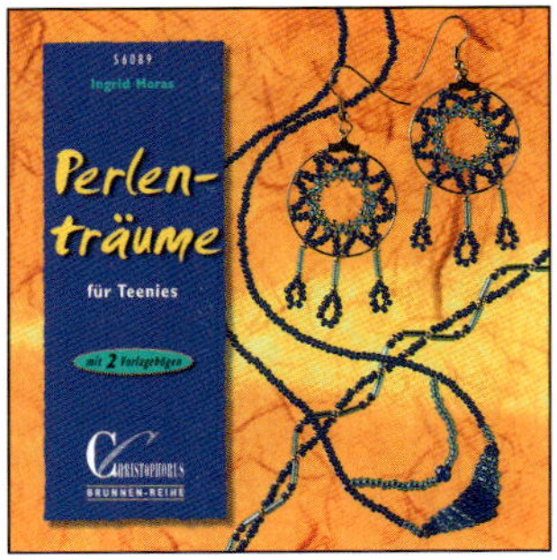

3-419-56089-3

3-419-56039-7

3-419-56002-8

3-419-55890-2

Wir sind für Sie da, wenn Sie Fragen zu AutorInnen, Anleitungen oder Materialien haben.
Und wir interessieren uns für Ihre eigenen Ideen und Anregungen. Faxen, schreiben Sie oder rufen Sie uns an.
Wir hören gerne von Ihnen! Ihr Christophorus-Verlag

CHRISTOPHORUS
Bücher mit Ideen

Hermann-Herder-Str. 4 / 79104 Freiburg i. Breisgau

Tel: 0761/2717-0 oder Fax: 0761/2717-352